画给孩子的自然通识课

植物，长得好奇怪啊

童心　编绘

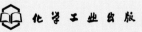

化学工业出版社

·北京·

图书在版编目（CIP）数据

植物，长得好奇怪啊 / 童心编绘 . —北京：化学工业
出版社，2024.6
（画给孩子的自然通识课）
ISBN 978-7-122-45537-6

Ⅰ.①植… Ⅱ.①童… Ⅲ.①植物 - 儿童读物 Ⅳ.
① Q94-49

中国国家版本馆 CIP 数据核字（2024）第 086581 号

ZHIWU，ZHANG DE HAO QIGUAI A

植物，长得好奇怪啊

责任编辑：隋权玲　　　　　　　　　　装帧设计：宁静静
责任校对：王鹏飞

出版发行：化学工业出版社（北京市东城区青年湖南街 13 号　邮政编码 100011）
印　　装：北京宝隆世纪印刷有限公司
880mm×1230mm　1/24　印张 2　字数 20 千字　2024 年 7 月北京第 1 版第 1 次印刷

购书咨询：010-64518888　　　　　　　售后服务：010-64518899
网　　址：http://www.cip.com.cn
凡购买本书，如有缺损质量问题，本社销售中心负责调换。

定　　价：16.80 元

前言

　　我们来到郊外，呼吸着新鲜空气时，总会不由自主地感叹："啊，大自然真美呀！"可是，你有没有想过，如果没有美丽的花、嫩绿的草、高大的树木以及其他奇妙的植物，地球将会变得非常荒凉，没有生机。那时将会发生什么可怕的事情？虽然很多人都知道植物对于地球和人类很重要，但很少有人真正了解它们。

　　欢迎来了解这堂植物通识课，在这里，你不仅会认识许多神奇的植物，还会了解一片嫩叶、一朵花、一粒果实里藏着的秘密。相信这次愉快的阅读之旅，会让你变得更加热爱自然，进而成为保护环境的小卫士。

目 录

欢迎来到植物王国

　　植物是大地的"外衣"，不管走到哪里，我们都能看到它们充满活力的身影。有的开出五颜六色的花朵，有的结满了果实，还有一片片望不到边的草地和一棵棵高大的树木……它们共同保护着广阔无垠的大地——人类的家园。

认识植物

在自然界里，植物的种类非常多，形态也各不相同。现在，让我们来认识植物家族中最重要的三位成员。

树冠

树叶

树枝

藻类植物

藻类植物是地球上一类比较原始、古老的低等生物，结构非常简单。

裸子植物

裸子植物是种子直接暴露在外部的植物。我们常见的各种松、柏、杉和银杏等树，就属于裸子植物。

鞭毛

伸缩泡

细胞壁

眼点

叶绿体

细胞核

蛋白核

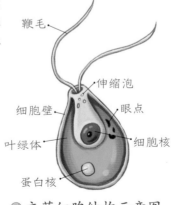

🟢 衣藻细胞结构示意图

树干

发达的根系

被子植物

被子植物又名绿色开花植物，是种子被果皮包裹的植物，也是地球上数量最多、和人类关系最密切的植物。

花

果实

叶

茎

根

植物从哪里来

现在多姿多彩的植物世界，是植物从海洋到陆地、从简单到复杂、从低级到高级，一步一步发展形成的。

❶ 藻类是地球上最早的植物"居民"，它们生活在海洋里。

❷ 后来，随着气候和环境的变化，一部分原始植物逐渐从海洋向陆地发展，到石炭纪时，蕨类植物非常茂盛，比如鳞木、芦木、封印木等。

❸ 随着时间的推移，中生代时，裸子植物开始兴起并达到鼎盛，比如松柏、银杏。

❹ 随着气候的变化，苏铁大量生长。

❺ 到了白垩纪，被子植物迅速兴起，并且成为植物界中种类最多、分布最广的类群。

植物家族进化谱

全世界有数十万种植物,它们在漫长的发展过程中,形成了庞大的植物家族。

裸子植物

被子植物

蕨类植物

石松类植物

黄藻

绿藻

甲藻

红藻

金藻

轮藻

硅藻

蓝藻

裸藻

林奈

林奈是瑞典植物学家，他提出了生物双名制命名法及初步的植物分类方法。

瑞典植物学家林奈

植物的种类

其实，植物还可以分为两大类——隐花植物和显花植物。

绿藻

蕨类

红藻

苔藓植物

禾本

灌木

草本

乔木

营养器官是植物生长的保证

植物可以通过光合作用自己"制造"食物，并享用其成果，参与这个过程的有根、茎和叶，所以这三部分也被称为植物的营养器官。

阳光

韧皮部中的筛管把养分输送到植物的各个部分。

氧气

叶子吸收二氧化碳，在阳光照射下通过光合作用释放出氧气，同时合成植物生长需要的有机物质。

氧气

氧气

木质部的导管把水分和无机盐输送到植物的其他部分。

记住哟，高等植物通常由根、茎、叶、花、果实和种子等器官组成。

水分

无机盐

养分

根从土壤中吸收水分和无机盐。

水分

无机盐

固定植物的根

直根
直根有一个明显的主根和从主根上分出的多个侧根。

定根
定根为植物在生长发育过程中形成的、生长位置固定的根。

不定根
植物在生长过程中，从茎上或叶上等非根部的组织上长出的根叫作不定根。

须根
须根没有明显的主根，由许多大小差不多、呈纤维状的根组成，就像乱蓬蓬的胡须。

植物的最下面是根，它担负着固定植株、吸收水分和无机盐的重任。

变态根
一些植物受气候和环境的影响，其根的形态随之发生了变化，变得和普通根不同，这些根被称为变态根。

支持根

气生根

寄生根

贮藏根（肉质直根）

攀缘根

贮藏根（块根）

支撑植物的茎

茎就像人体的"骨骼",将植物的各个部分连成一个整体。

茎的外形

茎的形态多种多样,有的粗,有的细,有的长,有的短,差别很大。

牵牛花

圆柱形茎

大部分植物都是圆柱形茎。

茎的主要类型

直立茎

 直立向上生长的茎,比如树木。

缠绕茎

茎需要缠绕在其他植物或物体上生长,比如牵牛花。

匍匐茎

茎细长又柔弱,匍匐生长,比如草莓。

草莓

攀缘茎

茎攀缘在支持物上并向上生长,比如黄瓜。

黄瓜

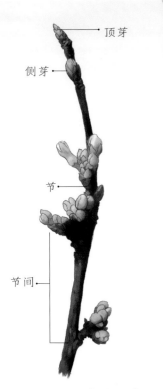

顶芽

侧芽

节

节间

🌱 茎的组成

你知道为什么莲藕里有很多孔吗?

藕生活在水下的淤泥里,因为缺少空气,它们就在身体里长出许多小孔,这些孔道不仅有助于空气在水下环境中的传输,还促进了根部与上部组织间的气体交换。

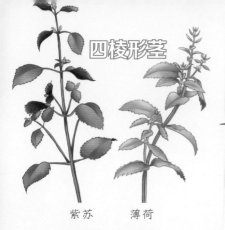

四棱形茎

紫苏　　薄荷

锐三棱形茎

香附子　　荆三棱

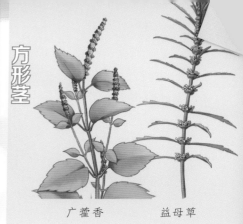

方形茎

广藿香　　益母草

变态茎

　　植物的茎由于受气候和环境的影响，其形态和结构发生了变化，其中包括地上变态茎和地下变态茎。

地上变态茎

　　植物为防止动物采食而发生的变态，比如玫瑰的皮刺、黄瓜的卷须。

玫瑰的皮刺

黄瓜的卷须

扁平茎

仙人掌　　蟹爪兰

地下变态茎

洋葱

鳞茎

马铃薯

块茎

草泽泻

块茎，可入药

百合

鳞茎

西红花

球茎

表皮

叶脉

进行光合作用的叶

叶子是植物重要的营养器官，它利用阳光、水和二氧化碳，通过光合作用制造养料和氧气，其中养料供给植物生长，而氧气释放到空气中。

叶序

叶柄

叶缘

叶序就是叶片在茎或枝条上的排列方式。

互生叶：两片叶子交错着生长。
对生叶：两片叶片正对着生长。
簇生叶：叶片聚集在一起生长。
轮生叶：叶片一轮一轮地生长。

互生叶

簇生叶

各种形态的叶

植物不同，叶子的形态也不同，有的叶子是"独生子"，有的是"双胞胎"，还有些叶子是"多胞胎"，非常有趣。

倒卵形叶

扇形叶

条形叶

掌状单叶

羽状复叶

三出复叶

心形叶

针状叶

变态叶

由于适应特定环境或执行特殊功能而发生的形态和结构都发生变化的叶，其外形、功能和普通的叶子不同。

对生叶

轮生叶

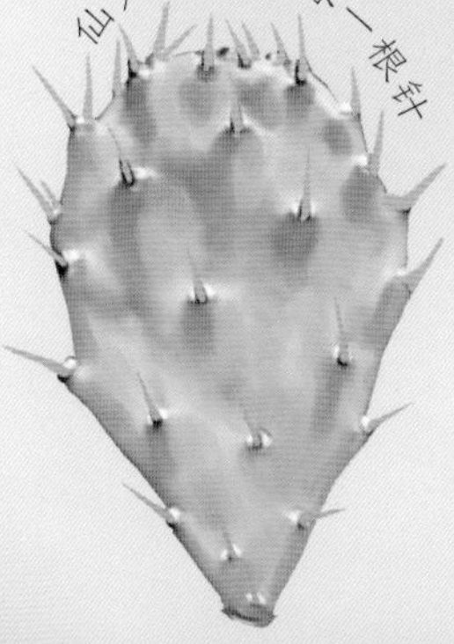

仙人掌的叶像一根针

猪笼草的叶顶有捕虫笼

洋葱的鳞叶可以食用

植物是如何繁殖的

植物具有独特的繁殖方式。大部分植物通过种子繁殖，有一些植物还能用根、块茎、叶子和芽等营养器官繁殖，这种繁殖方式被称为"营养繁殖"。

① 花授粉后，结出果实。

② 果实成熟后，种子落入地面或随风、水流等传播。

③ 当温度和水分适宜时，种子发出新芽。

④ 慢慢地，小芽长成了植株。

种子繁殖过程

人工繁殖

常见的人工繁殖方法有嫁接、扦插、压条和分株繁殖等。

① 选一片健康的仙人掌片，进行修剪，成为砧木。再选择一个小球作为接穗。

营养繁殖法

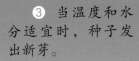

根繁殖法：春天时，将红薯的块根埋在土里，不久就会长出新芽。

嫁接繁殖：将植物的一部分嫁接到另一种植物体上，两部分相互愈合后就能成为一种新的植物。现在，我们看看仙人掌的嫁接繁殖过程。

扦插繁殖：将植物的根、茎或叶剪下，插入湿润的土中、沙子中或浸在水中，保持适当的温度和湿度，等待它们生根并长成新的植株。吊兰可以用匍匐茎扦插繁殖。

压条繁殖：将植物的枝条用泥土和其他物质包裹住，等发出新根后从母株上切断，另外栽植。

② 使接穗对准砧木的顶部并接到一起。种植到花盆中，浇水。

③ 大约4个月，植株就能成活、开花。

分株繁殖：将不定芽生出的植株从母株上分离下来，另外栽种。此方法适用于丛生植物。

块茎繁殖法：将马铃薯的块茎切成带有芽眼的小块，埋入土中，大约一个星期就能从芽眼中发出新芽。

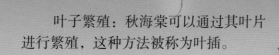

叶子繁殖：秋海棠可以通过其叶片进行繁殖，这种方法被称为叶插。

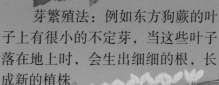

芽繁殖法：例如东方狗蕨的叶子上有很小的不定芽，当这些叶子落在地上时，会生出细细的根，长成新的植株。

多姿多彩的花

花是被子植物繁衍后代的器官，无论大小、形状和颜色怎么变化，花都有着相同的组成部分。

上下张开呈唇状

花瓣平展呈辐射状

像一个坛子的坛状花冠

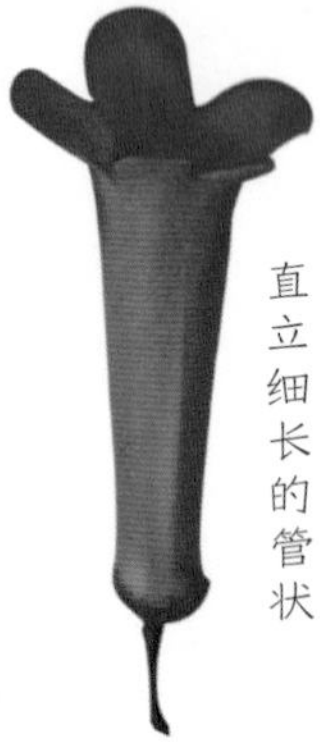

直立细长的管状

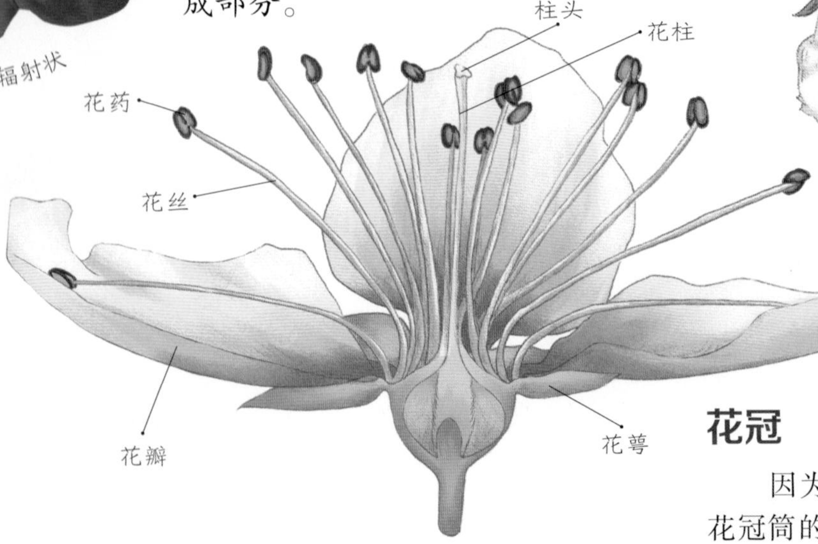

柱头

花柱

花药

花丝

花瓣

花萼

像一个高脚杯

😊花的结构示意图

花冠

因为花瓣的离合、花冠筒的长短、花冠裂片不同，花冠的形态也多种多样。

细长的舌头状花

花瓣交叉呈十字形的十字状花

像一个大钟的钟状花

像一个漏斗的漏斗状花

果实成熟啦

果实是怎么形成的？

① 盛开的苹果花等待授粉。
② 一只蜜蜂穿梭在花丛中采蜜。
③ 柱头沾到蜜蜂携带的花粉，胚珠受精。
④ 传粉过程结束后，花朵枯萎，子房长成果肉，包裹住种子，随后果实慢慢长大。

在自然界，凡是结果实的植物都被称为被子植物。果实是植物重要的繁殖器官，负责保护和传播种子。

果实的类型

植物的果实根据所含水分的不同，分为肉果和干果两大类。

肉果，俗称水果，含水量多，果肉香甜，色泽鲜艳。

干果，外部是干硬的壳，里面包着种子。

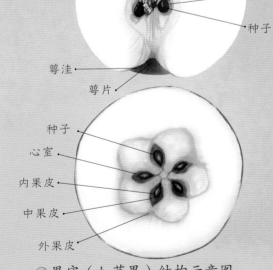

果梗　果皮
梗洼
果皮
种子
萼洼
萼片

种子
心室
内果皮
中果皮
外果皮

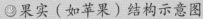

☺果实（如苹果）结构示意图

种子

种子是植物家族生命延续的保证，它孕育新的生命。

蒲公英

蒲公英的种子轻盈并长有冠毛，像一把把白色的小伞，随风飘扬，四处安家。

种子的传播

大部分植物的种子成熟后，都会自行掉落在附近，不过，有些植物会利用各种方式把种子传播到别处。比如，紫堇的种子。

风滚草

遇到干旱时，风滚草从土里将根收起来，它们团成一团，随风滚动，在滚动的过程中撒播种子。

❶ 某些紫堇植物的种子上常附着蚂蚁喜食的油质体。夏天一到，种子成熟并撒落一地。

❷ 一群蚂蚁发现后，争先恐后地把种子抬回家。

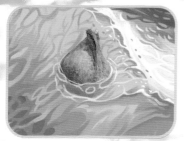

椰子

椰子的果壳非常坚固，它能随海浪漂泊到很远的地方，直到遇到合适的海滩安家落户。

野葡萄

野葡萄的果实成熟时，小鸟和一些动物会来享用，但由于种子不易消化，通常随其粪便排出来，从而四处传播。

喷瓜

喷瓜的果实成熟后，在从果柄脱落下来的瞬间，果壳卷缩将种子弹出，抛射至很远的地方。

仙人掌

仙人掌的果实成熟后，常常被蝙蝠吃掉，而种子会被蝙蝠排泄到很远的地方。

❸ 蚂蚁吃掉种子表面的油质后，就会把种子丢弃在蚂蚁的洞穴中。

❹ 第二年，种子就在蚂蚁洞里生根、发芽，冲破地面，长成新的紫堇植株。

苍耳

苍耳的果实布满倒刺，常常会钩住动物的皮毛和人的衣裤等，其种子在不知不觉中被带到别处。

植物之最

虽然世界广大、植物繁多，但是人们还是评选出了植物世界的各类冠军。

树木世界里的巨人

杏仁桉树是世界上最高的树之一。一般高约100米，有记载的最高的一株高达156米。如果一只鸟儿在枝头鸣叫，在树下听起来就像是蚊子的嗡嗡声，声音十分小。

世界花王

大花草（即大王花）号称"世界第一大花"，一生只开一朵花，花期4～5天，花朵直径可达1.4米，重达10千克。

最长寿的植物

千岁兰的寿命很长，一般在400～1500岁之间，即使5年内一滴雨也不下，它们依然能够在沙漠中存活下来。

比蘑菇还要矮的树

矮柳高不过5厘米，与矮柳个子差不多的是生长在北极圈附近高山上的矮北极桦，据说它们还没有那里的蘑菇高。

世界上最粗的植物

百马树的树干直径达17.5米，周长有55米，千百年来一直生活在火山地带，但它们并没有被炙热的火山灰湮灭，反而更加生机勃勃，真是令人惊叹！

陆地上最长的植物

白藤直径为4～5厘米，而它的长度一般为300米，最长的可达500米。

世界上花最小的植物

无根萍是一种浮萍类植物，属于浮萍科。它的叶状体直径仅有约1毫米，而它的花更是微小，仅针尖大小，需要用显微镜才能清晰地观察到。

"爱睡觉" 的植物

植物和人类一样，会定时活动、定时休息，不过，这些过程很难被人类发现。

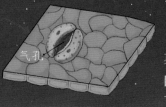

气孔

小麦、大豆、毛竹、甘薯，还有许多树木，都有"午睡"的习惯。每天中午11点至下午2点，这些植物的气孔会关闭，光合作用减弱。

睡莲

美丽的睡莲浮在水面上，每当红日东升，它便犹如初醒的少女，将那美丽鲜嫩的花瓣慢慢舒展开来；而当夕阳西下，它的花瓣会合拢起来，仿佛进入梦乡。

孔雀草

孔雀草在太阳升起时开放，太阳西落时闭合。

牵牛花

当公鸡开始啼鸣，牵牛花便苏醒过来，随着天空放射出的第一道晨曦，开出一朵朵喇叭形的小花，单朵花期只有几个小时，大约到中午便开始凋谢。

晚香玉

晚香玉的花喜欢白天"睡觉"，夜晚开放，它散发出的芳香可以吸引夜间活动的蛾子为其传授花粉。

为什么有的植物会"睡觉"？

植物"睡觉"的原因主要有两种，第一，夜晚比白天温度低，夜晚闭合叶子或花朵，可以避免寒冻的侵袭；第二，闭合后植物可以减少自身水分的蒸发。

蒲公英

蒲公英"入睡"时，所有的花瓣都竖着闭合起来，就像黄色的鸡毛帚。

胡萝卜花

胡萝卜花"睡觉"时，喜欢垂着头，就像正在打瞌睡的小老头。

天然"水库"——波巴布树

波巴布树树冠很大，它的果实大如足球，甘甜多汁。每当果实成熟时，猴子、猩猩、大象等动物都会抢着来吃，所以波巴布树又有"猴面包树"之称。

"脱衣术"和"吸水法"

当进入旱季后，为了减少水分蒸发，波巴布树会迅速"脱光"身上所有的叶子；雨季来临后，它就利用自己粗大的身躯和松软的木质代替根系，大量吸收并贮存水分。

沙漠"水塔"

波巴布树的储水功能极强，据说它那粗壮的身躯一次可以贮存上千公斤甚至更多的水。

天然"村舍"

波巴布树的木质又轻又软，当地居民常常将树干掏空，搬进去居住，从而在当地形成了一种非常别致的"村舍"。

爱伪装的石头花

石头花是一种著名的小型肉质植物，呈卵圆形，高2～3厘米，茎很短，顶部有树枝状花纹。

特殊的"天窗"

石头花生长在干旱少雨的地带，在其叶顶上有一个特殊的"天窗"，阳光从这个窗口射入内部，而"天窗"上的颜色和花纹可以调节所摄入日照的强度，很好地控制"体内"所需光量。

"石头缝"里开出的花

石头花生长3～4年后，会在秋季从对生的叶中开出鲜艳的花朵，而且每一朵花都是下午开放傍晚闭合。

变色高手

为了防止被敌人发现，石头花的外形和颜色酷似灰色或棕色的卵石。如果不在开花期，它很难被认出来。

小小的石头花会"渴"死吗？

石头花的抗旱本领非常强。它们体内有许多像海绵一样的细胞，可以吸收和贮存大量水分。当地表或土壤中的水分不足时，石头花就会依靠细胞内的水分维持生命。

冬虫夏草是植物吗

当然不是，冬虫夏草不是虫，也不是草。冬虫夏草冬天是"虫子"，夏天像"草"，因此得名，这种奇特的"变身"本领在自然界中非常罕见。现在，就让我们来揭开它的生长之谜吧。

① 在夏季，一种身体娇小的蝙蝠蛾飞在花叶上，产下成千上万的卵。

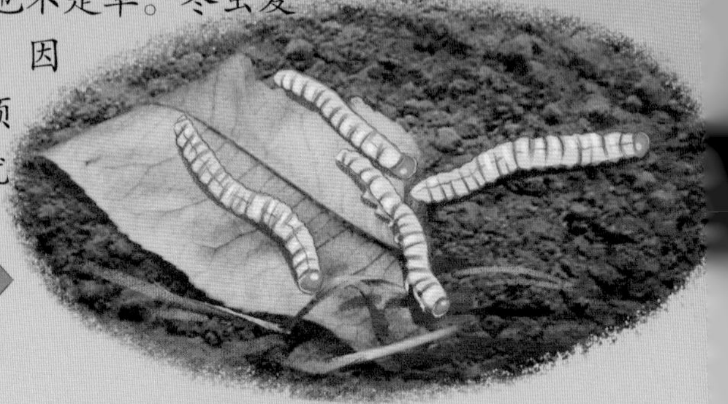

② 卵随着叶片落到地面，经过大约1个月的时间孵化成幼虫。

③ 幼虫钻入松软的土层，吸收植物根茎的营养，将自己养得肥肥壮壮的。

⑦ 真菌子座的头部含有子囊，子囊内藏有孢子。当子囊成熟时，孢子会散出，再次寻找蝙蝠蛾幼虫作为寄主，冬虫夏草开始新一轮循环。

受到子囊孢子侵袭的幼虫逐渐向地表蠕动。由于体内真菌大量繁殖，在距地表2～3厘米处，幼虫会死去。这时正好是冬天，因此称为"冬虫"。

⑥ 5～7月，气温回升，菌丝从幼虫头部萌发，长出像草一般的黄色或浅褐色的真菌子座，称为"夏草"。

④ 这时，土层中的子囊孢子会钻进蝙蝠蛾幼虫的体内，吸收养分，长出菌丝（图中绿色为菌丝，橙色为孢子囊，蓝色为孢子）。

植物家族的气象预报员

很久以前，人们就会通过观察植物来预知天气状况，而且，自然界中的植物"气象员"不止一位。

雨蕉树

雨蕉树生长在拉丁美洲，在下雨前，雨蕉树的叶片总会不断地流下水滴，就像一个人在哭泣。

报雨花

报雨花生长在澳大利亚和新西兰。如果它的花瓣卷曲，那就说明不久后将会下雨；如果花瓣舒展，则表明不会下雨。

含羞草的叶片受到外力触碰时，会迅速闭合，一段时间后慢慢张开。这种反应是由其叶片底部的叶褥细胞控制的，这些细胞对刺激敏感，受到触碰时，叶褥细胞内的水分会流向细胞间隙，导致叶片迅速闭合。刺激消失后，水分会重新流回叶褥细胞，使叶片逐渐张开。

青冈树叶正在变成红色。

青冈树

青冈树对气候条件反应敏感。广西忻城县龙顶村的一棵青冈树，在每次下雨前树叶都会从深绿色变成红色。

含羞草

用手触摸含羞草的叶子，如果很快闭合，而张开时很缓慢，说明天气会转晴；如果闭合很慢，下垂迟缓，甚至稍一闭合又重新张开，可能天气会转阴或要下雨。

风雨花

风雨花一旦大量开放，就预示着暴风雨即将到来。

爱"吃肉"的植物

全世界有500多种食虫植物,它们主要以各种昆虫为食。

茅膏菜

茅膏菜是出色的捕虫高手,其花序枝布满细细的腺毛,只要昆虫停在上面,腺毛就会分泌出黏液,将昆虫粘住。同时,腺毛还会分泌一种分解酶,将昆虫逐渐分解并吸收。

植物为什么爱"吃肉"?

植物"吃肉"的习性与生活环境或自身特点有关。比如,茅膏菜是因为其根系不发达,吸收营养的能力较差,只能利用自身特点,抓些猎物为自己补充营养,从而更好地生长和繁殖。

锦地罗

锦地罗的叶平铺于地面,边缘长满腺毛,昆虫一旦落入,就会被腺毛包围,同时锦地罗分泌出黏液将虫子牢牢粘住,并慢慢分解掉,最后被叶面吸收。

③ 瞧，飞来一只胖乎乎的苍蝇。

② 叶片上有3对细细的感觉毛，十分敏感，专门用来侦察猎物是否走到适合捕捉的位置。

④ 它轻轻碰了一下感觉毛，但是捕虫夹没有动！

① 捕蝇草的叶子从茎部长出，以中肋为界，分为左右两部分，像一张张血盆大口。

⑥ 叶片上有许多红斑点，它们会分泌出特殊的汁液，慢慢将苍蝇"消化"。

⑤ 接着，苍蝇又触碰了感觉毛，很快，长长的刺状毛交错闭合，把苍蝇夹住了！

瓶子草

瓶子草的叶子上端有盖子，看上去很像各种各样的瓶子，"瓶子"内壁光滑，有能分泌出吸引昆虫的液体的蜜腺，引诱昆虫前来，"瓶壁"上还长着一排排尖刺状倒毛，凡是掉进瓶内的昆虫都无法爬出，最终被消化掉。

捕蝇草捕食昆虫的过程

狸藻

狸藻没有根，常常浮游在水中，叶上有很多小囊状体，被称为"捕虫囊"，是它们捕猎的武器。一株狸藻常常有上千个捕虫囊。

比比谁最臭

植物界里有许多植物并不惹人喜爱，反而人们一看见它们就会纷纷躲开，因为这些植物散发的气味实在太难闻了。

天鹅花

天鹅花的味道像发霉的烟草，也有人认为它像死老鼠的恶臭。

大王花

大王花的臭味像是腐肉的味道，人闻后头晕眼花。

臭椿

臭椿叶片基部的腺点散发出难闻的臭味。

巨魔芋

巨魔芋在开花时会有像烂鱼一样的臭味。

鱼腥草

鱼腥草的腥臭味比较浓，手触摸后会沾上像鱼那样的腥臭味。

臭梧桐

走近臭梧桐时，并不会觉得臭，但摘一片叶子揉一下，就会有一股臭味扑鼻而来。

大花犀角

大花犀角的味道恶臭难闻，只有苍蝇会欢喜地飞过去，并为它授粉。

著名的舞蹈家——跳舞草

跳舞草是一种快要绝迹的珍稀植物，又叫情人草、风流草。它们生长在山谷里，最高可达2米；叶柄上通常有3枚叶片，可以"跳舞"，让人观赏。

跳舞草为什么会跳舞呢？

有人推测跳舞草会跳舞是因为阳光，就像向日葵花跟着太阳走一样。但也有人认为，这是因为跳舞草体内的生长素转移，引起细胞生长速度的变化，所以它们才会跳舞；还有一些人认为跳舞草跳舞是为了躲避一些昆虫的侵害。

在雨过天晴或阴天，气温在28～34℃之间的上午8～11点和下午3～6点，跳舞草的全株叶片如久别的情人重逢一般，一会儿双双拥抱，一会儿又像蜻蜓点水似的上蹿下跳。

当夜幕降临后，跳舞草将叶片竖贴于枝干，紧紧依偎，犹如在静静休息。

菟丝子的寄生生活

寄生现象在植物界很常见。当植物的某些营养器官退化，不能用自己的叶和根制造、吸收养分时，它们就会寄生在其他植物上，获得生存的养料。我们看一下菟丝子是怎么依靠其他植物生活的。

❶ 10月，菟丝子的种子成熟，落入土中。

❸ 菟丝子的幼芽呈丝状，像小蛇一样在空中来回地摇摆。

❹ 如果菟丝子找到寄主，它会立刻缠绕上去，在彼此接触的地方形成一些吸根。

❷ 第二年的2～6月，种子陆续发芽。

菟丝子的寄主范围十分广泛，包括许多农作物，因此给农业生产带来了危害。

❺ 接着，部分细胞组织分化成导管和筛管，与寄主的导管和筛管连在一起，吸取寄主的养分和水分。

❻ 当一位寄主的养分和水分被吸完后，菟丝子会继续向上生长，并寻找新的寄主。其上部的茎不断伸长，并在接触到新的寄主时再次形成吸根，从其他寄主中吸取营养物质。

❼ 菟丝子的茎不断向四周扩大、蔓延，直至将寄主全部包裹。

热带雨林里的空中居民

热带雨林里有一批空中居民，它们被称为附生植物。这些植物非常奇怪，不在土壤中发芽、生根，而是借住在其他植物上。

巢蕨

附生在树干上的巢蕨很像一个大鸟巢，这种独特的造型可以更好地收集空气中的水分养料。

凤梨花

凤梨花的大多数种类都是空中居民。它的叶片一环一环地排列，中心形成一个大大的漏斗，里面可以存储水。这些水分不仅供凤梨自己饮用，还是许多小昆虫的饮用水，甚至有的小动物直接住在里面。

兰花

兰花是重要的空中居民。它们主要通过与真菌的共生关系来获取营养，也从水汽、雨露、腐败的枝叶、动物尸体和粪便中吸收养分。

地衣和苔藓

森林里常见的苔藓和地衣也是附生植物。

真菌

真菌也喜欢在树干上安家。

可以净化空气和解毒的植物

下面让我们认识几种比较常见的野外和室内的净化空气和解毒的植物。

竹叶兰

竹叶兰被认为具有解毒的功效，其全草及根茎均可入药，有清热解毒、利尿通淋、清肺化痰等功效。竹叶兰在临床上主要用于解毒，特别是解除有害物质，如食物毒、动物毒等。但竹叶兰性寒，脾胃虚寒的患者不宜服用，也不宜长期服用，最重要的是使用竹叶兰要遵循医嘱或专业指导。

仙人掌

仙人掌肉质茎上的气孔白天关闭，夜间打开，能吸收二氧化碳，制造氧气，净化室内空气。

雏菊

雏菊可吸收家中电器、塑料制品等散发的有害气体，还可吸收新家装修后散发出的有毒气体。

牵牛花

牵牛花能分泌一种杀菌素，可以杀死空气中的一些细菌。牵牛花植株还可以吸收空气中的有害气体。

八角莲

八角莲在植物界非常有名，它的叶片有八个角，其根、茎在传统医学中被用作解毒药物。

孤单的独叶草

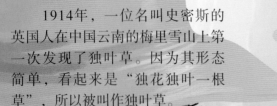

1914年，一位名叫史密斯的英国人在中国云南的梅里雪山上第一次发现了独叶草。因为其形态简单，看起来是"独花独叶一根草"，所以被叫作独叶草。

① 株高一般不超过10厘米。

② 叶背为粉绿色。

③ 叶柄长5～11厘米。

④ 花葶高7～12厘米，萼片花瓣状，有5～6枚，淡绿色。

人们通常认为独叶草只生1片叶子，植物学家研究发现，其实不是这样。在独叶草的根状茎上，大约每10厘米左右就生有1片叶，一株植株通常可以长出许多叶子，所以把它称为"独花草"可能更确切一些。

裂片边缘有小牙齿

叶基生，心状圆形，五裂

⑦ 根状茎细长而有分叉，茎上长着许多鳞片和不定根。

爱臭美的弄色木芙蓉

弄色木芙蓉，也叫三弄芙蓉。这可不是普通的芙蓉花哟，弄色木芙蓉的花色一天一变，直到凋谢。

弄色木芙蓉花的颜色是怎样的？

第一天，花刚刚开放为白色。
第二天，花变为鹅黄色。
第三天，花变为浅红色。
第四天，花变为深红色。
第五天，花变为紫红色。
最后，花变为紫色并开始凋谢。

花变色的秘密在哪里？

花朵变化颜色看起来非常神奇，但原因其实很简单，是因为花瓣内的花青素和胡萝卜素会随着温度和酸碱度的变化而变化，最终表现出不同的颜色。

告诉你关于植物的秘密

在植物家族，几乎每天都有令人惊奇的、不可思议的事情发生，比如有的植物可以开出巨大的花，有的植物开出的花很臭，有的植物非常耐渴，还有的植物有长长的藤……其中的奥秘你都知道吗？

龙血树真的会流血吗？

在龙血树的故乡——非洲西部的索科特拉岛，当地传说龙血树流的是龙血，实际上，龙血树流的只是一种暗红色的树脂。

矮柳为什么长不高？

矮柳太矮了，几乎匍匐在地面上。它之所以长不高是因为矮柳生长在高山冻土地带。为了适应这种环境，那里的大部分植物都长得很矮小。

千岁兰为什么不会枯萎？

千岁兰被称为"叶中老寿星"，它的两片真叶一旦长出，就会与整个植株终生相伴。这是因为，千岁兰叶子基部有一条生长带，位于那里的细胞有分生能力，可以不断产生新的叶片组织，使叶片保持生长状态。

白藤为什么长得这么长?

白藤是世界上最长的植物之一。它一碰到大树,就会紧紧地攀住,顺着树干向上爬去,等长到树顶后,它又向下生长,继续围绕着树干生长、缠绕……就这样,白藤不停地爬上爬下,不知不觉就成了世界上最长的植物之一。

铁桦树为什么很硬?

铁桦树的木头是世界上最坚硬的木材之一。其硬度高于普通钢材,这使其对于许多常规子弹具有很强的抗穿透性。这是因为铁桦树木质部的韧木纤维没有弹性,很坚硬,从而产生了很强的支撑作用,甚至可以将外力反弹回去。

紫薇树为什么怕痒痒?

紫薇树长大后,树干的外皮自行剥落,露出光滑的内部树干,这时你用手碰它,哪怕是轻轻地抚摸,它都会枝摇叶晃起来,甚至还会发出微弱的类似"咯咯"的摩擦声,好像怕痒一样。

原来紫薇树的木质部坚硬,枝干的根部和梢部粗细较为类似,而上部由于枝叶茂密相对较重,形成了"头重脚轻"的特点。当人们用手触摸或轻挠紫薇树的树干时,即便是轻微的摩擦也会引起树干的震动,这种震动很容易通过坚硬的木质传导到整个枝干乃至顶端的枝叶和花朵,从而引起整棵树轻微的摇晃或颤动,看起来就像是树在"怕痒"一样。

威力无穷的炮弹树

炮弹树主要分布于非洲和美洲，高3～6米，因为其果实会突然爆裂而闻名于世。

树上结出"手榴弹"

在北非的森林中，你可能会听到类似爆裂的声响。如果你循着声音走去，就会看见地上有被爆裂吓到的鸟儿或小动物。而制造这一声响的其实是炮弹树的果实。

炮弹花

炮弹树的花和果完全不同，花朵非常漂亮。

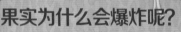

果实为什么会爆炸呢？

炮弹树的果实与成熟的柚子相似，在成熟期，非洲炎热的天气使其果壳表层的水分大量蒸发，但果壳里面依旧是湿润的，因此当逐渐"紧缩"的表层再也无法"包住"果肉时，便会彻底释放——突然爆裂。

学习艾蒿印染技术

艾蒿又叫艾、艾叶，它不仅可以制作食物，还可以治疗疾病。此外，艾蒿还是一种纯天然的绿色染料。

❶ 准备一件白色背心，准备与背心同等重量的艾蒿和相当于背心重量十分之一的明矾。

❷ 拿一个盆，将明矾放在盆里，倒入是其50倍的水，让明矾溶化。

❸ 将艾蒿切碎，装入布袋中。

❹ 将艾蒿布袋放入不锈钢锅里，加水并使劲儿搅拌，加热15～20分钟后关火。

❺ 夹出艾蒿布袋，放入背心，煮20分钟，同时用筷子不断翻动，保证染色均匀。

❻ 戴上手套，将染好的背心捞出，用冷水洗后，再放入明矾水中浸泡30分钟。

❼ 用冷水再洗一遍，把背心放回锅中再煮20分钟。

❽ 捞出背心，用冷水清洗，直到不掉色。

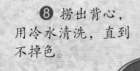

❾ 晾干后，如果染色效果佳，就可以穿了。

艾蒿散发着一种特殊的气味，将其悬挂在门口可以驱蚊虫。

我国名花

我国许多花以美丽的外表、芬芳的香气和独特的功效享有"名花"的美誉。

梅花

梅花清新淡雅，笑对寒雪，是高洁和坚强的象征。

水仙

像它的名字一样，水仙适合在盆中水养，花香沁人，亭亭玉立，给千家万户带来了芬芳和温馨。

菊花

菊花是十分常见的盆栽花，象征着健康和长寿。

荷花

荷花是百花中唯一花、果、种子、根都可以食用的花卉。

牡丹

牡丹由于花大而艳丽，被赋予了富贵吉祥的美意。

月季

月季深受人们的喜爱，被称为"花中皇后"，其"足迹"遍布世界各地。

植物与民俗节日

经过五千多年的历史发展，我国形成了一些传统节日，其中许多节日都和植物有关。

荷花与观莲节

在江南水乡，每到夏季，荷花成片开放，十分壮丽，因此古人将农历六月二十四日定为"荷花的生日"，又称"观莲节"。

桑树与元宵节

从魏晋开始，我国的元宵节有了祭祀蚕神、迎紫姑的习俗，因为正月十五，正是春天来临、桑树萌发之际，人们此时祭祀蚕神充满祈年的意义。

桂花与中秋节

中秋节是我国最重要的节日之一。每当中秋月圆时，一树树桂花相继开放，散发出浓郁的香气，因此中秋之夜赏桂花和明月就成了中国人的习俗。

艾蒿与端午节

每年农历的五月初五为端午节，在南北朝以前就有端午节插艾的风俗。

茱萸与重阳节

汉朝时，人们将茱萸切碎装在香袋里佩戴；晋朝以后人们将茱萸插在头上；后来，这成了中国传统节日重阳节的风俗之一。

植物和人类的关系

当植物开始发芽时，意味着春天来了，播种的季节到了。

当植物非常茂盛时，意味着夏天来了，要及时给庄稼浇水、施肥、除草等。

当许多植物进入休眠或落叶状态时，意味着秋天来了，人们开始收割。

植物和土壤

土壤中的微量元素和宏量元素（如氮、磷、钾）共同构成了植物生长不可或缺的营养成分。

植物的枯枝、枯叶分解后成为腐殖质，使土壤更加肥沃。

干旱地区，植物的根较长，叶片较小。

湿润地区，植物的根较短，叶片较大。

当季节性落叶植物的叶子干枯落光、常绿植物生长缓慢，许多植物进入休眠状态时，意味着冬天来了，土地和农人们可以休整一下了。

植物影响着人类生活

O$_2$ 产生氧气

降低噪声

净化空气

保持水土

人类乱砍滥伐树木、过度放牧。

植物越来越少，绿色的大地成为荒漠。